图书在版编目（ＣＩＰ）数据

了不起的火药 : 小黑求职记 / 肖维玲著. -- 北京 ：
人民邮电出版社，2022.10
ISBN 978-7-115-59283-5

Ⅰ. ①了… Ⅱ. ①肖… Ⅲ. ①火药－技术史－中国－
古代－儿童读物 Ⅳ. ①TJ41-49

中国版本图书馆CIP数据核字(2022)第081162号

◆ 著　　　　肖维玲
　　责任编辑　张天怡
　　责任印制　陈　犇
◆ 人民邮电出版社出版发行　　北京市丰台区成寿寺路 11 号
　　邮编　100164　电子邮件　315@ptpress.com.cn
　　网址　https://www.ptpress.com.cn
　　北京尚唐印刷包装有限公司印刷
◆ 开本：787×1092　1/16
　　印张：3　　　　　　　　　2022 年 10 月第 1 版
　　字数：40 千字　　　　　　2022 年 10 月北京第 1 次印刷

定价：39.80 元

读者服务热线：(010)81055410　印装质量热线：(010)81055316
反盗版热线：(010)81055315
广告经营许可证：京东市监广登字 20170147 号

了不起 的 火药 四大发明

小黑求职记

肖维玲 ◎ 著

人民邮电出版社
北京

小明最近对一种黑色的粉末非常感兴趣，
他还给这种东西起了一个名字，叫"小黑"。

周六的一大早，小明就拉着爸爸开始研究"小黑"。刚刚找到一份新工作的爸爸心情非常愉快，他灵机一动，就用找工作作比喻，讲起了"小黑"的前世和今生。

最早的"小黑"：
脾气火暴的灵丹妙药

爸爸说："这个'小黑'换过很多工作。它刚来到这个世界的时候，本来是一种'药'，想治病救人，甚至想让人长生不老。"

春秋至秦汉时期，很多人追求长生不老，特别是王公贵族，对此非常痴迷，炼丹术也就由此开始盛行。炼丹师把很多奇奇怪怪的材料按各种比例混合、加热，炼成丹药，认为人吃了可以强身健体，甚至长生不老。

硫黄和硝石是炼丹时常常用到的两种材料。炼丹师在炼丹的过程中偶然发现，一定比例的硫黄、硝石跟木炭混合在一起可以发生爆炸。于是，"小黑"诞生了。

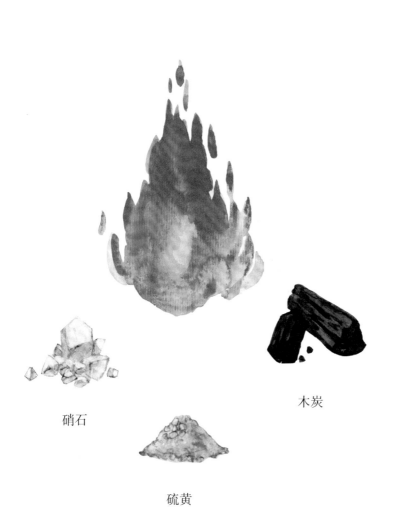

硝石

木炭

硫黄

《太平广记》里有这样一则故事：隋朝初年，有一个叫杜子春的人去拜访炼丹老人。他半夜惊醒，看见炼丹炉冒起了紫烟，顿时屋子燃烧起来。这可能是炼丹炉内的易燃药物引起的火灾。

一本唐朝人郑思远所著的炼丹书《真元妙道要略》也谈到用硫黄、硝石、雄黄和蜜一起炼丹失火的事，火把人的脸和手烧伤了，还直冲屋顶，把房子也烧了。

当时的炼丹师已经掌握了一条重要的经验：硝、硫、炭三种物质可以构成极易燃烧的药，被称为"着火的药"，也就是后来的火药。

唐朝医学家孙思邈总结前人的经验，编著了《千金要方》等许多医学著作。他在搜集古代药方的同时，也顺便搜集了火药的配方。"药王"孙思邈虽然不是火药的发明者，但可以说是火药配方的传播者。

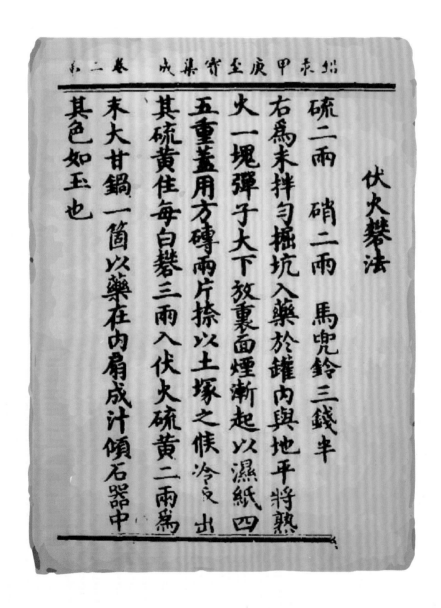

出自《铅汞甲庚至宝集成》

千金要方

孙思邈

　　小明问道："这么说来，正因为'小黑'一开始是一种'药'，所以它的名字直到现在还有一个'药'字，火——药——，对吗？"

　　爸爸伸出大拇指："非常正确。不过，吃了这种药不仅不能治病或者长生不老，甚至还有生命危险，谁还敢吃？于是，'小黑'不得不开始寻找新的工作了。"

　　小明这下明白了，挠了挠头："原来，火药最早就是一种'脾气火暴的灵丹妙药'啊！"

第二份工作：
"小黑"当了魔术师助理

离开了炼丹师的家，"小黑"有些伤心，直到它遇到了一个魔术师。

在"小黑"的帮助下，魔术师的表演有了烟雾、火花，更加酷炫和惊险了，让观众觉得就像到了奇幻的仙境。

在宋朝，许多杂技节目都运用了刚刚兴起的火药制品，以营造神秘的气氛。

就这样，"小黑"没有成为炼丹师手里的灵丹妙药，而成了魔术师的助手。虽然不能救人，但是能让看表演的人开心快乐，所以"小黑"还是非常喜欢这份工作的。

第三份工作：
"小黑"成了军中奇兵

一次偶然的机会，"小黑"被杂耍艺人带到了一个兵营。一位观看了街头魔术表演的军官觉得，既然"小黑"可以在表演中喷火、爆燃，那么用来打仗一定也会有巨大的威力。经过多次尝试，他用"小黑"做出了厉害的武器。就这样，"小黑"参了军，并很快成了一名奇兵。

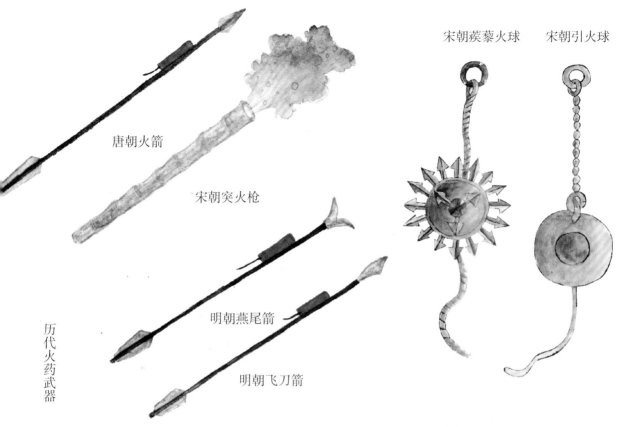

唐朝火箭

宋朝突火枪

宋朝蒺藜火球　　宋朝引火球

明朝燕尾箭

明朝飞刀箭

历代火药武器

宋朝时，火药在军事上得到了广泛使用。北宋朝为了抵抗辽、西夏和金的进攻，很重视火药和火药武器的试验与生产。北宋咸平三年(公元1000年)和咸平五年(公元1002年)，神卫水军队长唐福和冀州团练使石普，曾先后在皇宫里制造了火箭、火球等新式火药武器，受到宋真宗的嘉奖。从此，火药武器成为宋军的标准装备。

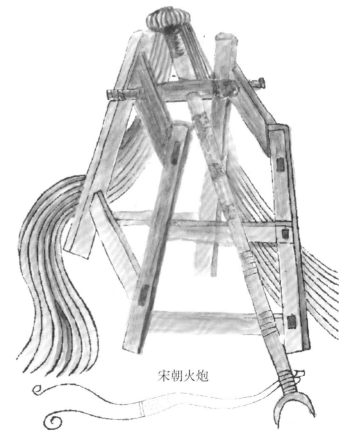

宋朝火炮

早期火药武器的爆炸性能不佳，主要是用来纵火。围城者将箭头绑了火药包的"火箭"发射出去点燃城门。

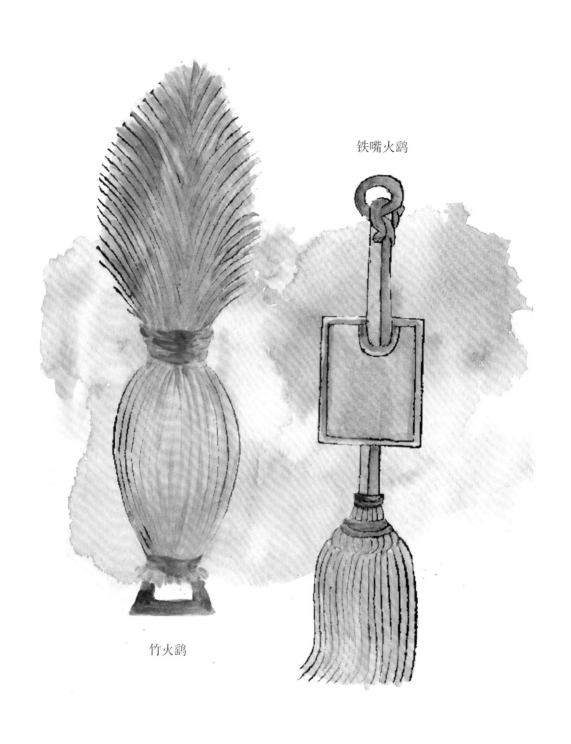

铁嘴火鹞

竹火鹞

　　这种火药只能作为燃烧剂，不会产生爆炸效果，和现代枪炮中使用的爆炸性火药相差甚远。

火药鞭箭

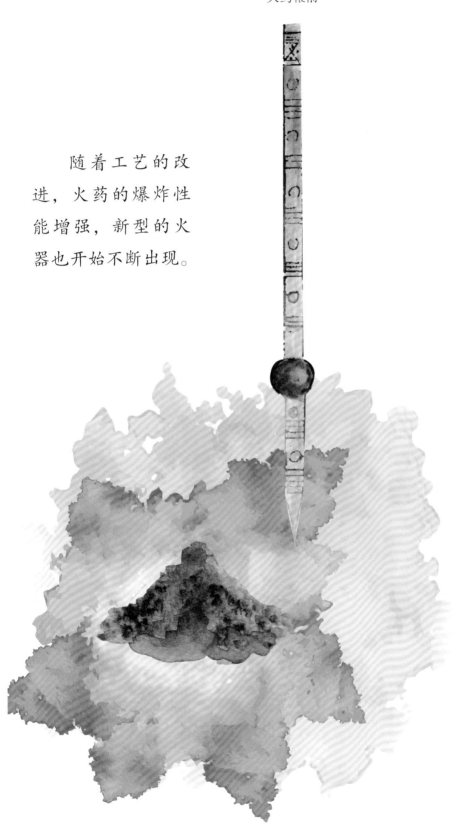

随着工艺的改进，火药的爆炸性能增强，新型的火器也开始不断出现。

21

北宋皇帝下令编写的《武经总要》里面记录了火药配方及多种火药武器，并配有插图，这是世界上关于火器制作的工艺流程的最早记载。

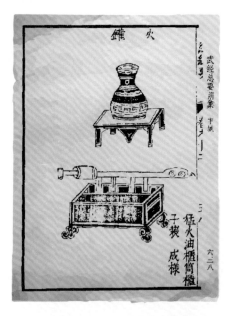

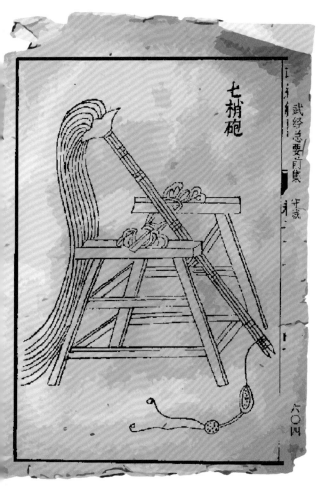

七梢砲

武经总要前集 中

六〇四

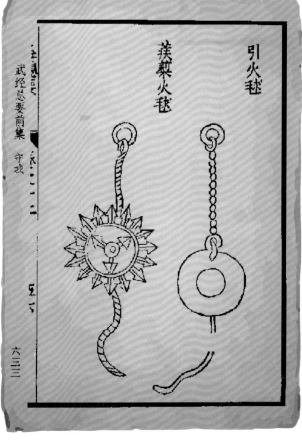

引火毬

蒺藜火毬

武经总要前集 守

六三三

古代的火器多种多样、洋洋大观。现在，我们就和小明一起看看各款火药武器的大比拼吧。

铁火炮

铁火炮又称震天雷，是宋元时期军队中使用的爆炸火器。它的外壳通常由生铁铸成，里面装着火药，并留有安放引线的小孔。点燃引线，火烧到铁壳内，火药就会把铁壳爆碎，以此来击杀敌军。铁火炮威力巨大，广泛应用于攻守城池、水战和野战。

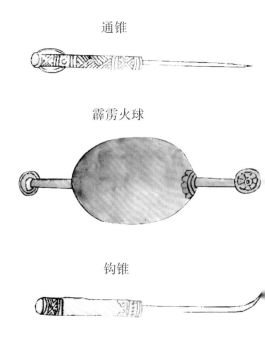

通锥

霹雳火球

钩锥

合碗式铁火炮

罐式铁火炮

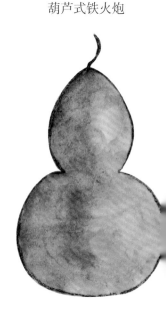

葫芦式铁火炮

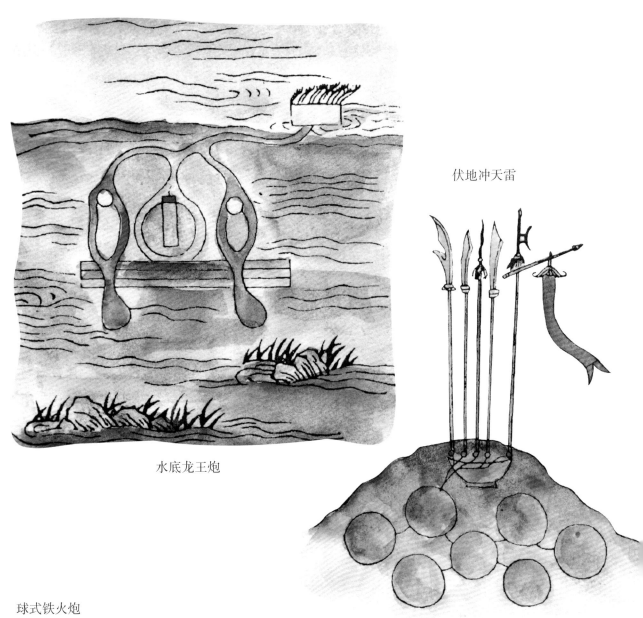

伏地冲天雷

水底龙王炮

球式铁火炮

地雷、水雷和爆炸性炮弹等火器都是以铁火炮为基础研制而成的。

火球

　　火球又称火药弹，出现于宋朝初期。它主要用来放火或放烟。制作火球时，先将含硝量低、燃烧性能好的黑火药团成球状，然后用纸、麻或薄瓷片包裹起来，再在表面涂满油脂，用来防潮和助燃。有时，还会在火药里掺入有毒或能够产生浓烟的材料。使用时，把火球引燃，抛向敌军，用火球发出的火焰或毒烟杀伤敌人。

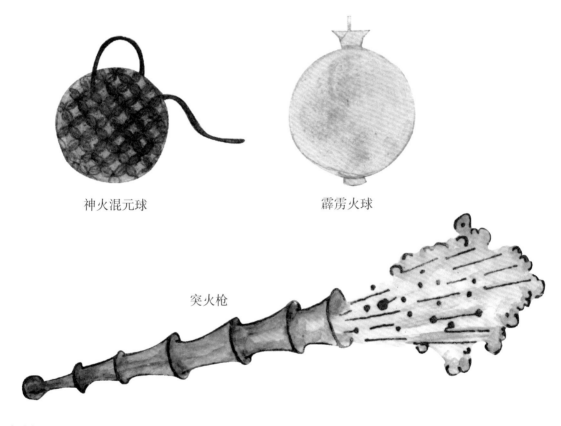

神火混元球　　　　　　　　　　　霹雳火球

突火枪

火枪

　　火枪，早期的时候有一种叫突火枪，出现在南宋中晚期，以粗竹筒为枪身，内部装有火药与子窠（类似于子弹）。点燃引线后，火药喷发的力量把子窠射出，可以说，这是后来步枪和子弹的雏形。到了元朝，火枪用的竹管换成了生铁管，火药配比也进行了调整，弹丸的威力大大增加，火枪的威力、射程、耐久度大大提高。

猛火油柜

　　猛火油柜是一种能够连续喷火的火焰喷射器，发明于宋朝。"猛火油"就是石油的原油。据《武经总要》记载，猛火油柜用猛火油作为燃料，通过火药的引燃和机械的加压，能够喷出"火龙"，烧伤敌军及烧毁敌军的装备。

火铳（chòng）

火铳是对元朝及明朝前期铜质或铁质管状射击火器的总称。火铳包括前膛、药室和尾銎（qióng）三个部分。使用时，先点燃通向药室的引线，引燃药室的火药，借助火药的爆炸力将预先装在前膛内的弹丸射出，以杀伤敌军。

战铳

明初铜火铳

鸟铳

鸟铳是明朝后期对火绳枪和燧发枪的总称，明朝时由欧洲传入中国。与之前的火铳相比，它增设了准星和照门，更利于瞄准。点火方式上，它用火绳作为火源，扣动扳机点火，不但火源不易熄灭，而且提高了发射速度。它的基本结构和外形已接近近代步枪，是近代步枪的雏形。

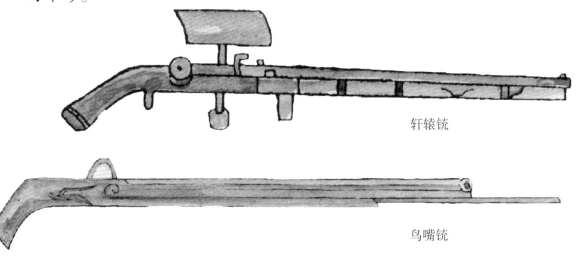

轩辕铳

鸟嘴铳

"小黑"走向世界

　　火药武器是怎么传到外国的呢？其实是通过战争。

　　宋朝的火器已经很厉害了，不过宋被金打败了，金人学会了制造和使用宋的火器。后来蒙古军又打败了金军，并启用掌握火药、火器技术的工匠们，蒙古军队很快拥有了火器。

　　后来，成吉思汗西征时，蒙古军队使用了火药武器。作战中，阿拉伯人缴获了火箭、毒火罐、火炮、震天雷等火药武器，进而学会了火药武器的制造和使用方法。

阿拉伯人在与欧洲人的战争中使用了火药武器，欧洲人也在与阿拉伯人的战争中，逐渐掌握了制造火药和火药武器的技术。

从此，火药传入欧洲，走向世界，也彻底改变了战争的样子，甚至改变了人类社会。火药的广泛使用，是世界兵器史上的一个划时代的进步，使整个军事作战发生了翻天覆地的变革！可以说，中国的火药推进了世界历史的进程。

第四份工作:
"小黑"成了梦想家的帮手

其实,"小黑"在参军的同时,还成了梦想家的帮手。这个梦就是飞天梦。

明朝洪武年间,有个人叫陶成道,曾被朱元璋封赏"万户"。他梦想利用火药将人送上蓝天,去亲眼观察高空的景象。

　　一切准备就绪，陶成道命令弟子点燃火箭。弟子知道，如果试飞失败，师父就会有生命危险。但陶成道毫无惧色，为了实现飞天梦想，甘愿粉身碎骨。弟子实在拗不过他，就点燃了火箭。随着一声巨响，陶成道被火箭带着升上了天空，很快，第二排火箭很顺利地自动点燃。众人开始欢呼起来。

　　突然，陶成道所乘坐的"飞行器"燃起了熊熊大火。陶成道则满身是火，从天空坠落下来。

　　美国一位飞行器公司的创建者称陶成道是人类第一位进行载人火箭飞行尝试的先驱。

　　为了纪念陶成道，国际天文学联合会将月球上的一座环形山命名为"万户"。

现在的"小黑"：
灿烂的使者

　　小明和爸爸一整天都在研究火药的历史。不知不觉中，夜幕降临，整个小城也渐渐安静下来。

　　突然，阵阵巨响，夜空变得无比灿烂，城市也变得热闹起来。原来，外面正在燃放节日的焰火。

看着美丽的焰火，爸爸说："北京奥运会开幕式的那一串脚印，似乎告诉人们'小黑'一路走来的历程。如今它再次成为喜悦的使者和梦想的助手。"

是啊，用"小黑"打仗的时代已经过去了。如今黑火药在战争中早已被淘汰，但仍然在民用方面发挥作用，比较常见的就是焰火和爆竹。"小黑"的爆炸声，不再意味着战争，而是在帮助人们表达喜悦，庆祝收获。

小明突然想："小黑"对这份工作，应该会非常喜欢的，直到永远……

提示：火药易燃易爆，属危险品，故此处不涉及实验环节，且不建议读者和家长自行研究探索火药。